AF588731

RÉFUTATION

DU

MÉMOIRE CRITIQUE

SUR LA DIRECTION DE GRIGNON

DISTRIBUÉ

à l'Assemblée des Actionnaires

LE 3 JUIN 1843.

PARIS,

IMPRIMERIE DE Mme Ve BOUCHARD-HUZARD,

RUE DE L'ÉPERON, 7.

1843.

A Messieurs

LES MEMBRES DU CONSEIL D'ADMINISTRATION

DE

L'INSTITUT ROYAL AGRONOMIQUE DE GRIGNON.

MESSIEURS,

Un membre du conseil d'administration vous a présenté un mémoire critique sur l'établissement de Grignon. Ce mémoire, déjà réfuté en partie par le rapport que votre commission de comptabilité vous a présenté, et que vous avez approuvé à l'unanimité moins une voix, contient des accusations trop graves pour que le soin de ma dignité et de la vôtre ne m'impose pas l'obligation d'une réponse ; mais, quelles que soient la perfidie des insinuations et la fausseté des assertions dirigées par ce libelle contre la direction de Grignon, quelle que soit la nature du juste ressentiment qu'elle m'inspire, ne craignez pas que j'oublie l'intérêt de cette dignité. — Je saurai m'interdire les arguments que me fourniraient les faits et les opinions qui se sont manifestés dans le sein du conseil d'administration, j'écarterai même toutes considérations générales, pour me restreindre aux seuls faits incriminés et aux attaques dirigées par une main trop passionnée pour être sûre. Cela sera suffisant, d'ailleurs, pour vous démontrer que cet homme s'est laissé entraîner par un esprit bien connu, et déjà qualifié en d'autres circonstances.

Le premier pas vers le but qu'on s'est proposé, c'est la publication d'un tableau destiné (on en convient) à faire ressortir combien a varié, dans la comptabilité de Grignon, la marche adoptée pour l'exposé et la classification des comptes. En publiant ce tableau, on n'ignorait pas que les comptes ont été ouverts à Grignon par un expert teneur de livres, que le conseil avait chargé spécialement de cette mission; on n'ignorait pas non plus que, chaque année, les comptes ont été soumis aux investigations d'une commission de comptabilité, qui en a fait son rapport au conseil d'administration, et a demandé les modifications qu'elle jugeait utiles; enfin chacun sait combien la comptabilité agricole rencontre de difficultés dans son application, et combien il lui reste de progrès à faire.

Des variations dans la comptabilité de Grignon n'avaient donc rien qui dussent surprendre ; un esprit non prévenu les eût expliquées par le désir de perfectionner la comptabilité ; mais loin de là, on en conclut un blâme sévère. « Rien « d'arrêté ni de suivi dans le plan, vous dit-on ; « il y a variation continuelle dans la spécialité « des comptes : *il est donc un fait bien démon-* « *tré, c'est que la comptabilité est inexacte et* « *fictive.* »

Vous l'avouerez, messieurs, cette conclusion est aussi peu logique qu'elle est injurieuse. Il est vrai que pour la motiver on parle d'un dédale *de chiffres incompréhensibles ;* mais de ce que l'auteur du mémoire ne les comprend pas, s'ensuit-il que nos chiffres soient inexacts?... C'est ce que vous ne croirez pas, c'est ce que je vais vous démontrer ne pas être ; il me suffira, pour cela, de répondre à chacune des objections qui nous sont faites :

« Le compte mobilier, dit-on, se réunit, en « 1835, au mobilier de la féculerie, et il est porté,

« par suite de cette adjonction, de 29,000 fr. à « 44,000 fr., bien que cette adjonction ne doive « lui apporter que 4 à 5,000 fr. » Si l'auteur de cette diatribe s'était rappelé les notes qu'il a prises, lorsqu'il vint à Grignon (et lorsqu'il y présenta ce tableau comme l'œuvre *d'une personne peu bienveillante* qu'il voulait éclairer), il aurait vu que ce n'est pas le mobilier de la féculerie seul qui vint, cette année, se joindre au mobilier de la ferme, mais aussi ceux de la forge, de la charronnerie et celui de l'école, qui, à lui seul, monte à 14,000 fr.; c'est-à-dire que, cette année, *dans le résumé d'inventaire inséré dans les Annales*, il n'a été fait qu'un article unique de tout le mobilier; c'est, du reste, ce que l'auteur aurait dû voir à la page 133 qu'il cite; sa critique prouve le peu de soins de ses recherches et la légèreté de ses accusations.

« Le compte d'engrais, dit-il encore, s'élève « tout à coup de 40,000 fr. en 5 ans, quoique, « d'après le compte matériel des fumiers, les « quantités n'aient pas augmenté. »

Mais ce chiffre ne ressort nullement du tableau du bilan qu'il vous présente, comme vous pourrez le vérifier; les engrais, en effet, n'y figurent, séparés des marchandises et denrées diverses, qu'à partir de 1840. Il y a donc là encore erreur évidente, et les exemples qu'il cite n'ont pas plus de valeur que la logique de la conclusion. Il y a même mieux que tout cela, messieurs, c'est que ce manque d'ensemble et de suite, dont l'auteur du mémoire fait un de ses chefs d'accusation, n'existe réellement que dans son imagination. Vous avez tous eu entre les mains les inventaires successifs de l'institution ; vous avez pu remarquer qu'ils ne sont viciés d'aucune des omissions signalées, et vous vous demanderez, sans doute, pourquoi cette personne, qui a dû, comme vous, prendre connaissance de ces documents, choisissant de préférence *dans les Annales* des résumés succincts et, par conséquent, sans importance comme classification et comme ordre, donne à entendre qu'il n'y a pas d'autres documents, et qu'il faut juger la comptabilité de Grignon par le tableau qu'il fait de ces résumés sommaires. Plus tard, j'en suis persuadé, les motifs qui l'ont guidé dans cette circonstance vous deviendront évidents.

On vous dit ensuite : « Il résulte des mains « courantes des différences considérables entre « les entrées et les sorties des denrées : 26 p. 0/0 « en moins sur le sucre; 25 p. 0/0 en plus pour « l'huile, etc., etc. Et le comptable a avoué que

« les entrées et les sorties étaient balancées et « *arrangées* (le mot est souligné) de manière à « coïncider. » On comprend aisément que des denrées de cette nature, qui, dans nos magasins, entrent par masses et en sortent divisées à l'extrême, comme le sucre nécessaire à une tisane ou à un mets, comme l'huile destinée à une salade ou aux lampes, présentent des variations partielles, boni ou déchet, sur le compte des quantités employées. Chacun reconnaîtra qu'il est presque impossible d'empêcher qu'il ne se glisse, dans les déclarations de ces quantités, soit des inexactitudes, soit même des omissions, de la part des employés chargés des distributions. Chacun reconnaîtra aussi que, quand, à la fin d'un exercice, il ressort des comptes que les divers consommateurs des denrées en question en ont réellement consommé plus qu'on ne les en a débités, il est juste de répartir entre eux et de leur faire subir les déchets de magasin, c'est-à-dire les pertes qui ont été faites pour eux (1). Eh bien, messieurs, ce sont là les variations en plus ou en moins que cite l'auteur du factum que vous avez sous les yeux ; seulement il en enfle

(1) S'il n'en était pas ainsi, on constituerait fictivement en bénéfice les consommateurs de cette denrée.

les chiffres de 10 p. 0/0, apparemment pour les arrondir; et cette répartition des frais et déchets de magasins sur les consommateurs est ce qu'il appelle charitablement *arranger* les chiffres.

Mais au fond de tout cela, que veut-il donc ? Il se plaint en même temps, et de ce qu'il y a des différences, et de ce qu'il n'y en a pas. « Prenez, dit-il, les comptes de magasins, vous y « verrez entrer et sortir exactement les mêmes « quantités, quoiqu'il y ait des déchets de cri- « blure indiqués dans la comptabilité. » L'ancien comptable de Grignon suffisait rarement à ses travaux, et, comme vous le savez, était habituellement en retard; il en résultait qu'au moment où il faisait le compte rendu ou l'extrait du grand livre qui vous est soumis chaque année, les grains étaient entrés et sortis depuis longtemps, et les quantités de bon grain et de criblures étaient exactement connues; de sorte que, au lieu de faire figurer les quantités brutes, il employait les quantités nettes; cela était moins régulier, mais plus précis, et n'avait en tous cas aucune importance significative.

« Autre preuve! s'écrie notre homme : il y a « 4,600 sacs de menue paille pour 38,000 bottes « de paille, c'est-à-dire 4,000 de trop; il y a

« 13,000 kilog. d'orties, quoiqu'on n'en cultive « pas. » C'est admettre avec une extrême facilité, comme preuves, les apparences qui peuvent seconder une argumentation! Mais vous trouverez peut-être que cette facilité fait parfois tort à cette réputation *d'expérience et de longue pratique* à laquelle l'auteur attribue son importance dans le conseil d'administration. Comment ne s'est-il pas demandé ce que signifie ce mot *menue paille,* et s'il est identique avec celui de *balle de céréales?* S'il se fût donné la peine de réfléchir, il n'eût pas tardé à se convaincre, lui si bon praticien, que la quantité de menue paille est aussi variable que celle de la balle l'est peu. Cette quantité de menue paille dépend uniquement du mode de battage : avec le dépiquage, on n'obtient que de la menue paille et pas de paille; avec une machine à battre qui brise la paille, on en obtient beaucoup plus qu'avec une autre machine, et avec celle-ci, on en obtient encore plus qu'avec le battage au fléau, surtout si la céréale a été semée avec une prairie artificielle, et s'il y a du trèfle dans le pied de la gerbe.

L'argument des *orties* n'est pas plus heureux que celui de la menue paille pour l'expérience et le talent d'observation du critique. Lui qui prétend si bien connaître Grignon, il aurait dû souger à l'étendue des berges de nos cours d'eau, à celle de nos bois; il aurait reconnu alors, j'en suis convaincu, qu'on peut se procurer ce fourrage précieux, pour les porcs et pour les vaches, sans le cultiver.

Arrive enfin l'argument des fumiers! « Les engrais se balancent à 1 kilogr. près sur plusieurs « millions de kil., et, dans ces engrais, brouettes « et fumerons de divers animaux sont évalués au « même poids, malgré la différence énorme de qua- « lités sous le même volume. » Cette concordance n'est pas plus étonnante que les orties, que la menue paille; elle provient simplement de ce que, pour éviter les causes d'erreurs provenant des divers degrés d'humidité des différents fumiers, nous les mesurons à la sortie des étables par le volume d'une brouette, et aussi de ce que le fumier en tas est le sujet d'un compte de société, qui répartit le poids total du fumier entre les divers animaux proportionnellement au nombre de brouettes fournies par chaque spécialité; si à cela on ajoute que le poids total du tas est donné par le nombre de *fumerons* qui en sortent, fumerons dont le poids est lui-même déterminé par une moyenne de pesées, il est évident que la concordance qui a soulevé la susceptible défiance de l'auteur devient inévitable.

C'est pourtant sur de pareilles bases qu'il asseoit une accusation formelle, dont vous aurez sans doute, messieurs, apprécié la gravité.

« La comptabilité, dit-il, est inexacte et fic- « tive, quoique régulièrement tenue par le comp- « table, parce que les *éléments fournis par le « directeur sont altérés dans un but et des in- « térêts particuliers.* » Ainsi, c'est dans un but particulier que le directeur fait ressortir des déficit sur le sucre, des bonis sur l'huile et les fourrages ; c'est dans un but intéressé qu'il fait balancer l'entrée et la sortie des fumiers et des grains....... En vérité, si ce n'était le ridicule d'une pareille accusation, je chercherais, en interrogeant certains antécédents, certains dossiers, à supputer ce que peut valoir cette accusation de déloyauté de la part d'un homme qui a déjà acquis une certaine célébrité dans son genre, vis-à-vis du directeur de Grignon, nommé par vous, vis-à-vis de celui que vous avez si souvent honoré de témoignages de votre estime ; mais j'aime mieux faire appel aux faits et au témoignage de tous les habitants de l'Institut. Il est au su de tous que c'est le comptable qui reçoit *directement*, *publiquement* et *à haute voix* le rapport des divers agents qui distribuent les denrées et matériaux, ou qui les reçoivent pour les employer : le directeur, présent, écoute les déclarations pour contrôler l'exécution de ses ordres ; rien ne peut donc échapper aux investigations du comptable, qui, par les pesées, les vérifications et les inventaires, s'assure, par ses yeux, de la véracité des rapports qui lui sont faits.

Après avoir donné l'état de situation financière, le mémoire en question cherche à prouver que « l'excédant de l'actif sur le passif, 74,963 fr. 73 c., n'a rien de réel. » Il range surtout, « parmi « ces valeurs fictives, 53,159 fr. pour les fumiers « en terre, et il dit qu'il n'examinera pas si, en « effet, le sol renferme une telle masse d'engrais ; « *car* c'est là un fait plus que douteux. » Il est vrai que l'auteur nous dit les raisons qui ont élevé dans son esprit les doutes qu'il érige, sans plus de façon, à l'état de certitude. « En effet, « ajoute-t-il, en 1831, il y avait 56,000 fr. d'en- « grais et d'avances aux cultures confondues en- « semble. Le chiffre des avances était *sans doute* « le même qu'aujourd'hui, 38,000 fr. (1), donc

---

(1) Il n'était que de 35,000 fr., et l'on comprend sans peine que, ne durant qu'une année, les avances n'ont pu s'accumuler depuis cette époque dans la même proportion que les engrais, qui durent souvent nombre d'années.

« les engrais ne figureraient que pour 17,000 fr.; « or ils sont aujourd'hui de 53,159 fr. » *Donc cette somme est fictive!*—Voilà, certes, un second *échantillon* de logique qui vaut bien le premier.

Mais continuons. « En 1838, le besoin de pré« senter un *capital nécessaire à l'actif* fit ima« giner de doubler le prix des fumerons : on « doubla même le prix des *vases* et autres en« grais, et de là, à votre inventaire, une valeur « fictive *de plus* de 100 p. 100. » L'auteur met ici le mot *de plus*, sans doute pour être conséquent avec sa logique. Mais ne dirait-on pas, à lire ces lignes, que non-seulement la somme totale de tous les engrais en terre, mais encore tout le capital social a été enflé de 100 p. 100. Heureusement, comme vous allez le voir, il n'y a dans tout ceci de fictif que cette admirable enflure, et il n'y a de positif, dans ces assertions, que la mauvaise foi qui les a dictées.

D'abord, vous savez qu'il est faux que l'accroissement de valeur ait eu lieu en 1838, *parce qu'on avait besoin* de cet accroissement pour l'actif de la Société. L'utilité de cette modification du tarif des fumiers était bien pressentie depuis plusieurs années, mais elle n'était nullement nécessaire à l'actif; *car il y avait précisé-*

ment en bénéfice, cette année, 24,800 fr. Que cette augmentation n'eût pas eu lieu, et le bénéfice eût été encore de plus de 19,300 fr., c'est-à-dire de 6 p. 100; car vous savez qu'il est de toute fausseté que cette élévation du prix des fumerons ait porté sur les engrais en terre : il ne s'est étendu que sur les fumiers produits dans l'année, c'est-à-dire sur 5,529 fumerons seulement.

Aucun autre engrais, les parcages eux-mêmes, n'ont été augmentés de prix; la vase, que vous voyez soulignée dans le libelle, dans je ne sais quelle intention, n'a jamais été portée que pour les frais d'extraction et de transport. Ainsi de deux choses l'une : ou l'auteur, avant de formuler si positivement des accusations graves, n'a pas vérifié les chiffres, et il s'est donné un tort bien grand! ou il les a vérifiés, et alors il compte sur l'*aplomb* de ses affirmations pour vous en imposer. C'est à vous, messieurs, à apprécier le zèle qui a pu l'entraîner dans une pareille alternative.

Mais, dira-t-il, vous avouez, au moins, que l'augmentation de valeur de ces 5,529 fumerons a réellement eu lieu, et c'est une enflure, une fiction! J'aurai occasion, plus tard, de lui opposer ses propres estimations et de vous mettre encore une fois à même de juger les motifs qui le guident ; ici je me bornerai à dire que, au prix auquel les fumerons avaient été portés jusqu'alors, le fumier ne figurait pas dans notre actif pour une valeur à beaucoup près aussi élevée que celle qu'il possédait réellement, puisque, en 1827, le fumier d'un cheval n'était coté qu'à environ 0,05 centimes et demi par jour (1). Pour calculer l'augmentation du tarif de nos fumiers, nous nous sommes appuyés sur la valeur commerciale des engrais dans la localité, en restant toutefois au-dessous des prix auxquels revenaient ces matières chez les fermiers voisins qui les achetaient dans les villes. Ce changement dans les valeurs n'a d'ailleurs été opéré, il doit vous en souvenir, et cela a été publié, qu'avec la connaissance et l'assentiment du conseil d'administration.

Quant à la durée illimitée des fumiers dont on se plaint, vous savez tous à quoi vous en tenir. Nos livres font foi que la durée des fumiers, dans notre rotation de culture, n'est que de deux ou

(1) Le fumier de caserne de cavalerie de ligne, où les litières sont secouées, était alors acheté, à Versailles, 11 c.; il vaut maintenant jusqu'à 14 et 15 c. A ce prix il faut joindre les frais de transport.

quatre années, excepté pourtant une parcelle qui se trouve placée dans la luzernière, qui certes est un débiteur bien solvable et qui, lors de son défrichement, rend largement ce dont elle est détentrice. L'auteur ne peut l'ignorer, mais il se donne bien de garde d'exposer les choses comme elles sont; et, pour donner une apparence de réalité à son assertion, il présente un tableau tendant à démontrer que les fumiers vont sans cesse en décroissant à Grignon; il dit qu'il a relevé ce tableau sur nos livres : or, comme nous avons fait ce relevé en même temps que lui, et que nous avons pris ses propres chiffres, nous pouvons, nous aussi, faire un tableau; seulement nous ne l'arrêterons pas à 1840, comme il l'a fait.

Tableau des fumiers produits.

De 1827 à 1829. .	3,942 fumerons.
De 1830 à 1832. .	14,747
De 1833 à 1835. .	18,472
Total de la culture de transition et de la 1re rotation. .	37,161 fumerons.

De 1836 à 1838 (1).	14,808 fumerons.
De 1839 à 1841. .	19,618
En 1842. .	7,627
Total de la 2e rotation.. .	42,053 fumerons;

donc augmentation de 5,000 fumerons. Est-ce là une décroissance ?

Notre adversaire s'y prend assez peu adroitement, il faut le dire, pour faire ressortir des résultats diamétralement opposés à ceux-ci : d'abord, au moyen des fumiers achetés, et non pas produits contrairement à ce qu'il donne à entendre, il force le chiffre de la première période de 4,332,750 kilog. à 7,177,125; puis il coupe court au moment où les fumures deviennent plus fortes, cela dans une intention que je vous laisse le soin d'apprécier. Le poids du fumier est d'ailleurs une mesure qui laisse beaucoup à désirer, parce qu'elle est difficile à constater. L'unité des fumerons est elle-même peu satisfaisante, parce que son volume est variable. Depuis que nos chemins sont améliorés, nous chargeons beaucoup plus de fumier sur un chariot ; le poids des fu-

(1) Période de grandes sécheresses.

merons s'est élevé, bien que nous le cotions au même taux qu'auparavant, et il en résulte une dépréciation qui tend à atténuer la production réelle de nos fumiers. Ce qui prouve que nos fumures ont été sans cesse en augmentant, et le constate d'une manière beaucoup plus positive que ne peuvent le faire les évaluations des fumures, c'est l'accroissement de nos ressources en fourrages et en pailles ; car il faut vous dire que l'assertion de l'auteur à ce sujet, assertion qu'il a cru vous prouver en citant ce chiffre isolé de 78,000, auquel le nombre de bottes (1) de paille est descendu en 1842, est aussi fausse que le reste. En voici la preuve :

Tableau de production des pailles et fourrages.

De 1827 à 1832.	1,518,628 kilog.
De 1832 à 1835.	2,030,355
Total pour la période de transition et la 1re rotation pour huit années.	3,548,983 kilog.

ce qui donne pour la moyenne d'une année 443,623 kilogrammes.

(1) L'auteur ne dit pas non plus que nos bottes de paille pèsent 3 et 4 kilog. de plus que la botte mar-

De 1836 à 1838.	2,205,907 kilog.
De 1838 à 1841.	2,560,874
Année 1842.	811,335

Total pour la 2e rotation pour sept années. . . . . 5,578,116 kilog. c'est-à-dire pour la moyenne d'une année 796,873 kilog., c'est-à-dire qu'il y a eu accroissement de 353,050 kilog. par année dans la 2e période.

La quantité des fumures est donc bien réelle ; cette quantité est réellement un actif, et j'ajouterai : cet actif est récupérable sans qu'il soit, pour cela, nécessaire d'épuiser les terres ; car amortir complétement une valeur en un certain nombre d'années n'a jamais signifié épuiser toute la matière que représente cette valeur. Au moment où nous avons récupéré le capital considérable, *engrais en terre*, enfoui pendant la première rotation, la terre était déjà sensiblement améliorée, et, à la fin du bail, les valeurs seront amorties de la même manière, bien que les terres soient arrivées à un haut degré de fécondité. Ceci est expliqué à la page 45 de la 10e livraison des Annales, que l'auteur veut bien vous indiquer; seulement les personnes qui prendront la peine de lire cet article de la page 45

---

chande, et que les 4,000 sachées de menue paille pèsent chacune autant que la botte de paille, 8 à 9 kilog.

verront qu'il ne s'y trouve pas un mot de la citation que l'on prétend y puiser pour mettre la direction en opposition avec elle-même.

Avant de suivre le libelle dans l'examen de la valeur de nos améliorations foncières comme actif, il est encore un point sur lequel je dois arrêter votre attention. « La ferme étant empaillée, « dit-on, rien n'a été distrait par les fermiers, « pas même les menues pailles, et elle doit être « rendue de même. Nous voyons figurer, à la vé- « rité, au passif une somme de 2,928 fr. pour « paille trouvée dans la ferme; *mais cette somme « a été comptée aux fermiers*, non pour la va- « leur des fumiers, mais seulement pour le droit « de consommation de la paille. » Il y a, messieurs, deux choses à remarquer dans cette allégation : c'est 1° que l'auteur a encore fait ici une erreur palpable en diminuant de 1,000 fr. le chiffre du passif, et je ne puis me dispenser de montrer que toujours ses erreurs sont dans le sens le plus défavorable pour Grignon ; 2° que son assertion est tout à fait contraire aux principes de comptabilité : car, enfin, si cette somme de 3,928 fr. avait été comptée aux fermiers, pour le droit de consommer les pailles, ce n'est pas au passif qu'elle aurait été portée. Cherchant partout des sujets d'accusation contre Grignon, l'auteur s'est fait dire par l'ancienne fermière que nous lui avions acheté des pailles, et cela a suffi à son esprit préoccupé pour en faire un nouveau grief. Voilà, s'écrie-t-il, ce que vous appelez les pailles et fumiers trouvés dans la ferme ! Qu'il se rassure en apprenant qu'en dehors des pailles achetées nous avons trouvé une quantité de pailles et de fumiers qui ont été estimés contradictoirement à 3,928 fr.; c'est à ce chiffre que se borne le résultat de l'empaillement de la ferme. —Aussi l'avons-nous soigneusement fait figurer à notre passif.

L'auteur de la critique ne doit pas ignorer ce que signifient les clauses tombées en désuétude des anciens baux; et comme la liste civile, en acquérant le domaine, avait fait au vendeur la condition d'évincer les fermiers, moyennant indemnité, dans le plus bref délai, le vendeur leur fit pont d'or; et il fut emporté, non-seulement les *bottiaux* et des menues pailles, mais encore 5,000 grosses bottes de paille et des fumiers ; de sorte que l'affirmation positive que l'on s'est cru permise, d'après de futiles indices et d'après l'ancien bail, se trouve être aussi fausse que les précédentes. — Ainsi les 53,000 fr. qu'on veut éliminer de l'actif en sont une des valeurs très-réelles et des plus positives.

Mais nous voici arrivés à un autre article plus important encore de l'actif de la société, aux *améliorations foncières* : on vous propose de le biffer comme le premier article. « Ne craignez-« vous pas, vous dit-on, que des réductions « ne soient apportées, comme lors de la première « réception faite par la liste civile, sur le chiffre « de 36,368 fr. non encore reconnu ? » Il vous souvient, messieurs, que, à l'époque de la première réception, aucune limite n'avait encore été posée entre les travaux d'améliorations foncières et les réparations usufruitières, et il n'est pas étonnant, dès lors, que quelques divergences d'opinion aient eu lieu ; mais ces diverses attributions ont été parfaitement définies depuis, et pour être plus sûr encore d'éviter toute discussion à l'avenir, j'ai eu constamment soin de recourir à M. le directeur du domaine de la couronne, pour obtenir son assentiment au sujet des travaux fonciers qui pourraient présenter quelques doutes. Les craintes que l'on veut faire naître dans votre esprit ne sont donc nullement fondées, à moins pourtant que les objets cités dans le libelle, comme des preuves palpables, ne présentent pas réellement le caractère de fixité qui est nécessaire à des travaux fonciers. C'est ce que je dois examiner après avoir copié textuellement.

Fenêtres bouchées en pisé.	fr.
Mangeoires doublées en zinc. . . .	188
Barrières posées dans les pépinières.	69
Réparations aux chemins.	931

Ces articles représentent un total de 1,188 fr., et, supposant un instant que l'auteur leur refuse avec raison le caractère d'améliorations foncières, ce ne serait pas une raison de conclure, sans discuter les autres articles, que les 36,000 fr. d'améliorations sont équivalents à 0. Mais comment croire à la bonne foi de pareilles allégations, quand on voit que l'auteur indique comme *simple réparation de chemins* un article qui est porté sur les livres sous le titre de *chemin nouveau?*

Quant aux barrières, je dirai, d'abord, qu'il y a des précédents qui ont dû guider la direction. Eh quoi! des enclos et des constructions, dont l'entretien est à notre charge et que nous livrerons en bon état, n'ont pas le caractère de travaux fonciers!

Relativement au pisé, ce n'est nullement, comme on pourrait le croire, le bouchement de quelques fenêtres, mais bien la clôture générale de la bergerie, faite en torchis bien abrité et portant fenêtres, qui a remplacé les parois en paillassons et sans fenêtres qui formaient précédemment clôture. Reste donc la doublure en zinc, montant, suivant le factum en question, à 188 fr. (bornez-vous à lire 4 fr. 50 c.; c'est encore une de ces erreurs de chiffres que je vous ai déjà signalées). Cet article, qui a été porté là par erreur, pourrait, en effet, être un sujet de discussion; il sera retiré. Ainsi il n'y a donc de réel dans toute cette critique que cet article de 4 fr. 50 c., et voilà encore 36,000 fr., moins 4 fr. 50 c., de récupérés.

Les créances diverses de l'établissement offrent un nouvel exemple de la tactique de l'auteur; il lit sur l'inventaire : débiteurs divers, 14,000 fr., et il écrit avec assurance : « *dettes irrécupérables* « *qui ne peuvent évidemment figurer à l'actif.* » Mais on doit lui rendre cette justice, que l'invention n'est pas de lui; elle lui a été soufflée par un auxiliaire *bienveillant*. La direction se trouve, en ce moment, sur la trace de manœuvres tendant à constituer en pertes certains comptes. Du reste, la majeure partie des débiteurs s'acquittera sans aucun doute.

Je ne crois pas me tromper, messieurs, en pensant que la manière de procéder du critique vous est maintenant assez connue pour que je n'aie plus besoin de le suivre mot à mot, chiffre à chiffre, ce qui rendrait cette réfutation trop volumineuse. Je me bornerai donc aux articles de quelque importance. A l'article mobilier, au sujet duquel il s'est livré à des investigations qui trahissent à chaque instant son but, et la marche qu'il *suit habituellement dans des affaires analogues à celle-ci*, il dit que « 18 vieux chevaux n'ont subi qu'une moins-value de 36 fr. » Cela est faux ; car la dépréciation a été de 778 fr. Puis il ajoute que les bêtes à laine sont estimées « un tiers de plus que leur valeur, qu'il y a des « estimations des animaux de Grignon, faites « par des cultivateurs distingués, de plus de « 17,000 fr. inférieures à celle de la direction. » Je me rappelle, en effet, qu'on a amené un marchand de vaches pour estimer nos bestiaux, et qu'on a même écarté sans façon les renseignements que je voulais lui donner pour l'éclairer.

Le marchand de vaches parcourut rapidement l'étable ; il l'estima en bloc, comme il aurait fait à la Chapelle-Saint-Denis, et fournit le document qu'on désirait. Qu'importait, en effet, de savoir, si ce sont des Schwitz, des Durhams, des Dishleys, des Southdowns ? Que lui importait de connaître les qualités de la race, le mérite de nos croisements, les valeurs commerciales différentes de celles du pays, les prix que nous en obtenons? Il eût agi de même à Alfort ou au Pin, et vous eût démontré que le taurillon vendu 1,000 fr. n'en vaut pas 200, et qu'il y a exagération de 80 p. 0/0. L'auteur, pour être sincère, eût dû vous dire les observations qu'un habile et honorable cultivateur des environs, qui était présent, lui fit sur sa manière de procéder, et sur les faux résultats qui en découlaient.

On vous parle aussi « d'articles mobiliers « estimés plus chers que s'ils étaient neufs, « d'une foule d'objets inutiles, et d'une quantité « d'objets utiles dépassant trois fois les besoins. » Sans doute, il ne viendra à la pensée d'aucun de vous, messieurs, que la direction veuille affirmer ici que, dans le nombre considérable des articles de notre inventaire, il n'a pu se glisser aucune erreur. Il paraît donc, en effet, que des erreurs ont été commises; elles portent sur les poids en fonte de nos bascules et sur l'entonnoir en fer-blanc destiné à *empâter* nos volailles. L'auteur du libelle a vérifié un à un, et s'est fait représenter tous les objets mobiliers de l'inventaire; il serait donc parfaitement à même de dire ce qui est utile ou inutile, ce qui est insuffisant ou surabondant, si la préoccupation d'esprit dont il nous a donné tant de preuves dans le courant de son mémoire n'eût tendu à fausser constamment son jugement. Dans la vérification de l'inventaire, il confondait les collections d'instruments avec le mobilier de la ferme, les fabriques avec l'exploitation, et se permettait même des dénégations insultantes et scandaleuses, vis-à-vis les ouvriers de l'établissement, dont les déclarations ne cadraient pas avec ses intentions de dépréciation. Enfin nous l'avons vu, dans l'émission de ses opinions, faire des fautes tellement graves, tellement multipliées.., que, pour éviter devant les élèves un scandale qu'il semblait rechercher, la direction a pris le parti de ne plus assister à ses investigations.

Pour compléter les preuves de l'enflure de nos valeurs actives, on revient encore une fois sur les différences des entrées et sorties de magasin, sur lesquelles on a déjà longuement appuyé. Mais, cette fois, remarquez-le bien, on se garde de parler de boni. Il n'y a plus que des déficit, et chose qui ne vous surprendra plus, maintenant que vous savez comment procède la logique de notre détracteur, de ce qu'il y a des déficit de *quantités*, il conclut que les valeurs sont exagérées. « Tel est, messieurs, la

« manière dont l'auteur *s'est démontré* que les « inventaires sont enflés de 20 p. 0/0, et qu'il « faut, par conséquent, en déduire 38,000 fr. » Certes, après cela, l'auteur de cette *démonstration* peut bien s'étonner que, dans la 10e livraison de nos Annales, la direction ait écrit, page 28, qu'il était fait sur le mobilier une réduction annuelle de 20 p. 0/0. Seulement il eût dû s'étonner aussi qu'un administrateur dont vous avez tous hautement reconnu la capacité, la clairvoyance et la sévère équité, M. Godart-Desmarets, votre honorable vice-président et rapporteur, ait consigné la même chose dans le rapport que vous l'avez chargé de faire sur la gestion du directeur de Grignon, page 14, 10e livraison.

Ce n'est pas tout encore, on veut absolument, et par tous les moyens, réduire le plus possible l'actif de Grignon; on est à la quête des valeurs d'une nature assez élastique pour se prêter docilement à l'élimination. On retranche d'abord 1,768 fr. d'avances faites aux pièces d'eau, parce qu'il résulte, suivant le sens de l'auteur, de ce que nous devons rendre les pièces d'eau empoissonnées, qu'il est impossible que nous rentrions dans la dépense que nous avons faite pour compléter cet empoissonnement. On retranche encore 103 fr. d'avances faites aux jardins, qui, à l'époque de l'inventaire, ont coûté beaucoup, et commencent à porter tous leurs fruits, parce que, sans doute, suivant une logique peu commune, une chose n'existe pas du moment où elle n'a pas encore figuré sur les livres.

Enfin on va même jusqu'à retrancher de l'actif cette somme 2,400 fr., due par des actionnaires en retard, et qui a été dernièrement le sujet de vos délibérations. Mais, si ces actionnaires, qui ont été mis par vous en demeure de payer, ne versent pas le montant de ces deux actions, il en résultera, à la vérité, que cette somme ne fera pas partie de l'actif, mais elle ne figurera pas davantage au passif, et partant aucune part de dividende à lui appliquer. Et pourtant, messieurs, après avoir déduit cette valeur de l'actif, on se garde bien d'en faire autant *du passif*; un tel fait ne peut s'expliquer que par l'ignorance des règles les plus élémentaires de la comptabilité, ou par le manque absolu de bonne foi.

Voilà donc cette réduction de 141,000 fr. qui doit anéantir notre *actif* et faire ressortir 178,000 fr. de perte, en place de 74,000 fr. de bénéfice constaté par le rapport de M. Godart ! Certes il valait la peine de l'analyser, mais vous me dispenserez, j'espère, de suivre plus loin mon détracteur ; vous êtes parfaitement à même maintenant d'apprécier la valeur de sa conclusion.

Cela n'est pas tout encore, messieurs ; on prétend que la composition de notre capital n'est pas exacte ; qu'il faut y ajouter 104,063 fr. de dons et 92,080 fr. de dividendes abandonnés, ce qui doit porter les pertes de l'établissement à 275,106 fr. Pour cette fois le libelle reproduit un tableau dont vous connaissez la source, car c'est celui qu'un ex-employé de l'établissement a mis sous vos yeux quand, pour vous donner un *dernier témoignage de son dévouement, il vint vous dire que tout ce qu'il avait écrit depuis douze ans était faux*.

M. le rapporteur de la commission de comptabilité vous a déjà rendu compte de ces allégations ; il a bien voulu me dire aussi qu'il eût été inutile de me donner la peine de les réfuter, parce qu'il avait examiné toutes nos écritures depuis l'origine avec la plus minutieuse attention. Je pourrais donc ne pas discuter tous les articles que comporte le tableau ; mais, puisqu'on reproduit ce document pour lui donner de la publicité, je suis obligé de reproduire ici ma réfutation.

1° *Intérêts à 4 p. 0/0 du capital, à porter au passif.*

Légalement, cela est contraire aux statuts de toute société anonyme ; moralement, cela ne signifie rien : car personne n'ignore qu'en culture améliorante surtout, les résultats ne se manifestent qu'au bout d'un certain nombre d'années. La société de Grignon, moins que personne, ignore ce fait ; son bail de quarante ans en est la preuve. L'auteur sait bien aussi qu'une grande partie de ce capital a dû être engagée dès les premières années en améliorations foncières à valoir sur les fermages, ou en avances à l'école, qui ne produisaient aucun service, bien qu'on ait constamment demandé à la culture de payer intérêt de ces capitaux qui sont en dehors de son roulement ; c'est donc sans raison que l'on voudrait porter ces 92,008 fr. 22 cent. au passif.

2° *Une année de fermage payée par les anciens fermiers, à porter au débit du capital général.* Du moment où le domaine a été remis entre les mains de la société avec toutes les charges du contrat, bien que les fermiers ne fussent pas encore sortis, le fermage était la représentation de la jouissance que nous eussions pu en tirer par nous-mêmes, si ces fermiers eussent été dehors ; le fermage était donc un revenu et non pas un capital.

3° Il en est de même de la chasse, qui est un des produits attachés au domaine, dont la jouissance comme les *charges* nous étaient concédées, bien que, pour nous et dans l'intérêt du bois, cette jouissance ait précédé de quelques mois la conclusion du bail.

4° Quant à la pêche, si l'employé en question n'avait pas été si préoccupé par l'idée de faire ressortir à tout prix un déficit, il aurait reconnu que c'est en 1828 que la pêche a produit les 2,900 fr. qu'il prétend, à tort, avoir été encaissés en 1826-27.

5°, 6° et 7°. *Dons de S. M. Charles X et de M. Caffin. Manége, brebis et béliers à porter au passif!* Pendant les premières années, les travaux de l'exploitation, les grandes difficultés, inséparables de la tâche que j'avais acceptée, m'empêchaient de donner suffisamment d'attention aux travaux de la comptabilité, que M. Ternaux dirigeait d'une manière toute spéciale : je n'ai donc pas connu les raisons qui ont écarté ces objets de l'actif. Mais, sans doute, on a pensé que ces dons.

faits en vue de l'enseignement public, à un établissement d'utilité publique qui ne pouvait pas en tirer immédiatement un profit, ne devaient pas être considérés comme augmentation de capital, d'autant plus qu'ils ne comportaient pas toujours une grande utilité.

Le prix que le roi avait payé pour deux béliers de Naz (2,000 fr.) dut être jugé beaucoup trop élevé pour être accepté comme valeur, d'autant plus que ces béliers, de très-médiocre qualité, ont fait éprouver un véritable et déplorable tort à notre troupeau. En admettant donc qu'il y eût lieu à réintégrer ces objets pour des valeurs très-réduites, il faudrait au moins les porter en déduction, non pas du mobilier tel qu'il est aujourd'hui, que l'amortissement l'a amoindri, mais tel qu'il était alors, ce qui rendrait cette réduction infiniment moins sensible.

8° *Coupes extraordinaires à porter au passif.* Déjà, souvent, on a parlé de ces coupes; on croit qu'elles nous ont été accordées à titre gratuit, et que c'est une valeur formant pour la Société un bénéfice définitif. On se trompe, parce qu'on ne se reporte pas aux circonstances qui ont accompagné la fondation de Grignon.

Les expertises contradictoires faites par ordre de la liste civile et les consultations près des jurisconsultes furent nombreuses et fort chères. En outre, M. le ministre de la maison du roi avait dit aux fondateurs : « Vous êtes une institution d'utilité publique, à laquelle le roi attache son nom; il faut qu'elle réussisse : il ne « faut rien épargner pour arriver aux succès. « J'ai écrit à Albrecht Thaër pour avoir des « renseignements sur votre directeur. Ils sont « favorables; mais ce n'est pas assez : il faut qu'il « parte pour l'Allemagne, qu'il aille consulter « son maître, qu'il visite les institutions agricoles « et se munisse de tous les documents nécessaires pour que l'institut de Grignon soit digne de « sa mission. Il faut, en outre, que vous fassiez « aimer le nom du roi autour de vous; il faut « que vous rendiez heureuses, par le travail, les « populations qui vous entourent. Les bois sont « dévastés par le gibier; c'est à vous à les régénérer. Il faut que vous les cultiviez en bons « pères de familles; que vous les amélioriez de « manière à porter le domaine, qui compte une « grande partie de mauvaises terres, au plus « haut point de productivité, etc. Ce sont des « obligations onéreuses : c'est pour cela que « S. M. consent à une longue concession et vous « donne, comme rémunération de toutes ces

« charges extraordinaires et de ces dépenses pré-
« liminaires, la coupe du bois dont le défriche-
« ment est nécessaire à l'assainissement du do-
« maine. »

De plus, la liste civile, en traitant avec la Société, a mis à sa charge, contrairement aux usages de tous les baux, des dépenses foncières qui sont toujours faites par le propriétaire, telles que la réparation des toitures (3 hectares), des murs de clôture (5,000 mètres de développement), l'entretien et la création de chemins (13 kilomètres). Et c'est en quelque sorte en compensation de ces charges considérables et extraordinaires qu'elle a autorisé deux coupes de futaie. Au fait, messieurs, c'est pour reconnaître cette pensée, qui a présidé à la fondation de Grignon, que nous avons fait immédiatement de si grandes avances, qui ne devaient être productives que pour l'avenir; c'est pour la reconnaître que nous faisons des plantations, des repeuplements qu'un propriétaire lui-même ne ferait peut-être pas. Nous avons diminué l'aménagement des taillis pour les mettre en état; mais maintenant, au fur et à mesure que cette mise en état a lieu, nous allongeons l'aménagement : nous laissons, en un mot, capitaliser sur le sol ces valeurs qu'on nous a données en rémunération d'autres avances.

D'ailleurs, messieurs, ne croyez pas que ces valeurs aient été toutes réalisées; une grande partie des bois a été employée en constructions sur le domaine, et on ne nous en a, par conséquent, tenu aucun compte dans la réception des améliorations foncières : or les bois avaient été inventoriés à des prix exagérés par un employé inexpérimenté, et il en est résulté un accroissement sensible dans la valeur qui figure sur nos livres comme produit extraordinaire des bois. En supposant même que ce produit dût être porté au passif, il faudrait donc, au moins, en déduire la valeur de la quantité considérable de tous les bois employés dans les constructions faites par nous, et cela au taux où ils ont été estimés alors, et non pas adopter le chiffre restreint de 13,705 fr. 22 c. On ne l'ignorait pas, et cependant il n'en a été tenu aucun compte dans ce nouvel état de situation. Vous trouverez, sans doute, que c'est une singulière préoccupation; vous en apprécierez les motifs.

9° *Les orangers vendus à porter au passif.* Cet article aurait dû être porté en accroissement du capital; mais pourquoi ne l'a-t-il pas été? Comme vous l'a dit l'ex-employé dont il s'agit ici, c'est lui qui a établi la balance au 30 juin 1830. Jamais il ne m'a proposé ce sujet, que j'ai perdu de vue, sans doute à cause de son peu d'importance.

10° *Excédant sur les sommes versées par les élèves pour droits d'entrée et indemnités !* On conçoit à peine qu'une pareille idée ait pu venir à un comptable. Comment les droits d'entrée que le ministre nous a accordé de prélever sur les élèves, à partir du moment où le prix de la pension a été abaissé et jusqu'à ce que l'école ait pu amortir sa dette vis-à-vis de la culture, ne sont pas un revenu?... Ce serait un capital que nous devrions représenter intégralement à la fin du bail?... Cela paraît si étrange, qu'on ne peut l'expliquer que par l'aveuglement ou la mauvaise foi.

11° *Le mobilier acquis avec une partie des fonds du ministère.* Il en est de même de cet article : ce mobilier consiste en modèles, en instruments de collections et en meubles d'expérimentation, que l'on a achetés fort cher et qui, si on voulait les revendre, seraient à vil prix. L'amortissement doit donc les frapper énergiquement, et il est, par conséquent, impossible de les porter, en appendice du capital, pour ce qu'ils ont coûté. Il y a mieux, c'est que cet actif, comme aussi les droits d'entrée, viennent diminuer la dette de l'école, dette active qui s'amortit d'autant. Il y a donc, en définitive, substitution, réduction de l'actif général, proportionnellement aux apports faits par M. le ministre. Le porter en appendice, comme on le propose, serait un double emploi inconcevable pour un comptable habile.

12° *Paille et fumier trouvés dans la ferme!* Décidément l'irritation et l'aveuglement ne sont plus suffisants pour expliquer cette singulière assertion; il faut l'aide d'une absurde mauvaise foi; car il est impossible que l'on ne sache pas que cet article figure déjà réellement au passif, comme on demande que cela soit : chaque année, il y est inscrit, jusque sur les extraits du grand livre que je vous présente. Le détracteur le sait si bien, que, quelques lignes plus bas et cela dans le même factum, il le déduit encore une fois pour accroître le passif imaginaire.

13° *Mobilier laissé par la couronne.* Cette dernière allégation achève de prouver la bonne foi qui a présidé à la confection de ce tableau : on porte comme devant être déduit de notre actif un mobilier qu'on sait parfaitement n'y point figurer, et ne servir nullement à la ferme. Il suffit de jeter les yeux sur nos inventaires pour s'en convaincre.

Ainsi se modifient et se réduisent à 0 les chiffres destinés à amoindrir notre capital.

A ce prétendu passif de 510,000 fr., fondé sur des erreurs, on veut ajouter tous les revenus que nous aurions pu nous créer, dit-on, et que nous n'avons pas recueillis. Pour cela, on recherche quels étaient les produits du domaine de Grignon sous les fermiers précédents; on les compare à ceux que nous obtenons; mais ce calcul est tout aussi erroné que les précédents. En effet, au prix principal du bail des fermiers, on ajoute des *faisances* qui sont exagérées, illusoires ou complétement fausses pour la plupart. Ainsi l'auteur s'étant plaint de ce que nous avons porté le fumeron de 1 à 2 fr., ou le chariot de fumier de 5 à 10 fr., on devait penser que, conséquent avec lui-même, il estimerait le fumier livré par les fermiers comme *faisance* à un prix bien moindre que celui de notre comptabilité. Pas du tout; l'auteur semble tenir essentiellement à vous montrer qu'il a deux poids et deux mesures : ce qui, pour lui, est *forcé*, exagéré quand il s'agit de notre actif, est *trois fois* trop faible quand il s'agit de notre passif. Selon lui, *la voiture de fumier, qui, maintenant, ne vaut pas 10 fr. chez nous, en valait* 30 *chez nos prédécesseurs,* bien que, depuis quinze ans, les fumiers aient considérablement augmenté de valeur. Il évalue, avec la même mesure que les fumiers, une quantité de charrois que l'ancien propriétaire ne requérait presque jamais, et dont une partie n'était pas due; des soins à donner à des vaches qui n'existaient pas; enfin il dit que les fermiers fournissaient 18 hectolitres de froment, ce qui, de notoriété publique, est complétement faux.

Pour les autres revenus, il n'est pas plus exact; ainsi la pêche qui produisait tous les trois ans de 2 à 3,000 fr., et qui n'avait été louée que 2,000 fr., est transformée par lui en une rente de 5,000 fr. Les bois qui, un instant, ont été loués 5,000 fr. environ (parce qu'on avait partagé en quinze coupes des bois qui avaient vingt-cinq ou trente ans d'âge, ce qui rendait le produit environ quatre fois plus considérable qu'il n'aurait dû l'être si on avait partagé les bois en autant de coupes qu'il y avait d'années dans l'âge des bois); ces bois, qui nous donnent de 2 à 3,000 fr., comme l'auteur a oublié qu'il l'établissait lui-même (page 13, ligne 22), se transforment en bois de 7,000 fr. de revenu :

la haute futaie qui ne donne aucun produit, et dont il a porté lui-même la valeur à notre passif pour 63,280 fr., s'élève comme par enchantement à 146,700 fr. pour donner un revenu de 2,445 fr.

Puis arrive une prétendue réserve de trente hectares de terre et prés (produisant 2,000 fr. de revenu) qui n'existait que dans son libelle.

La jouissance du château et des jardins de luxe qui était censée s'élever à 2,000 fr.; et la chasse, qui, bien que dans les bonnes années elle ne dépasse guère 1,200 fr., ne lui en apporte pas moins un contingent de 1,500 fr.

Il est vrai qu'on veut bien porter des frais en déduction de ce magnifique produit; mais ici, suivant le principe qu'il a rigoureusement suivi depuis le commencement de son mémoire, il ne porte que 1,000 fr. pour les charges de l'ancien propriétaire, au lieu de 4,000 qu'il lui en coûtait. Malgré les réductions que nous avons faites, en supprimant tout ce qui tient au luxe, ces charges, en y comprenant l'assurance contre l'incendie, s'élèvent encore à 4,000 fr.

Si bien que, grâce à cet aide, l'ancien propriétaire se trouvait en possession d'un revenu clair et net de 30,809 fr. 66 cent., dont certes il ne s'est jamais douté. Aussi a-t-il cru faire une très-bonne affaire en vendant son domaine à S. M. Charles X, tandis que le factum en question doit lui prouver que la munificence royale serait restée, dans cette circonstance, bien au-dessous de la valeur commerciale de cet immeuble.

Mais passons sur ces ridicules estimations. Nous voilà arrivés, messieurs, à la comparaison entre notre gestion et celle des fermiers. Une chose gêne l'auteur dans cette comparaison ; c'est que nous améliorons la terre, tandis que les fermiers qui nous ont précédés ne s'occupaient nullement de cette besogne. Il faut donc qu'il élague les améliorations faites par nous : à tout autre il pourrait paraître difficile de faire que ce qui est ne soit pas, que ce qui a été constaté ne l'ait pas été ; mais pour lui, rien n'est difficile.

Voici comme il s'y prend : « Les terres, dit-« il, étaient louées 80 fr. par hectare (vous avez « vu comment il est arrivé à cette démonstration), « mais, par suite de l'augmentation des valeurs « locatives, on est porté à croire que les terres « valent aujourd'hui 90 fr., *comme le directeur*

« *l'a annoncé* (page 51 , 10e livraison); donc « c'est l'augmentation progressive des valeurs et « non l'amélioration culturale qui a occasionné « cette augmentation de 10 fr. » Voilà qui n'est pas maladroit, car la direction semble démontrer elle-même que les améliorations culturales sont nulles ; malheureusement pour cette tactique habile, la direction n'est pour rien dans cette affaire. Reportez-vous, messieurs, s'il vous plaît, à la page 51 de nos Annales, que l'on veut bien prendre la peine de vous indiquer, vous y lirez, ce que du reste vous savez tous être la vérité, « qu'un de vos commissaires vous a déclaré, en « séance du conseil d'administration, qu'ayant « voulu se rendre compte de l'état des améliora- « tions culturales exécutées par nous, il avait « fait faire, *à mon insu,* une estimation de la va- « leur locative des terres du domaine, par un « des anciens fermiers de Grignon, aidé d'un « régisseur habile de nos environs ; qu'il résul- « tait de cette estimation que l'hectare, *qui était* « *loué* 50 fr. lors de notre entrée, valait à ce mo- « ment de 88 à 100 fr.; *c'est-à-dire, qu'il y avait* « *un accroissement de près de* 100 p. 0/0. » Il y a loin de cela à 10 fr., de sorte qu'en prélevant 10 p. 0/0 et même 20 p. 0/0 pour l'accroissement spontané des valeurs, il resterait encore une amélioration assez satisfaisante ; l'auteur du libelle n'a donc en rien détruit l'exactitude des données établies à la page 51 , comme il le prétend dans une note.

Après s'être débarrassé à si bon marché des améliorations qui gênaient sa comparaison, l'auteur suppute nos charges locatives ; il a l'air de les porter à 19,131 fr., d'après le dernier compte rendu (chiffre qu'il sait avoir été déjà dépassé de beaucoup) ; mais, en réalité, il n'en fait rien : au contraire, il élimine d'un trait toutes ces charges, hormis une, celle de 7,500 fr. en améliorations foncières ; c'est ce qu'il appelle *le produit net* (avis aux économistes !), comme si les autres charges locatives acquittées ne provenaient pas de la production de notre industrie, ou comme si celle-ci nous profitait plus que les autres.

Il va sans dire, du reste, qu'on ne tient compte d'aucune des circonstances que comportent notre position d'institut et la présence de nombreux élèves à exercer. Ainsi on se garde de dire qu'une partie notable de notre capital a été placée, en dehors de la spéculation, dans une œuvre d'utilité publique, et que l'autre portion, se trouvant grevée de charges qui ne lui sont pas propres, doit payer la somme totale des intérêts. Bien mieux, on fait complète abstraction de toutes les valeurs produites (valeurs locatives, dividendes, etc.) par l'établissement de Grignon depuis sa création, sans doute parce qu'on aurait trouvé là quelque 100,000 fr. qui auraient entravé les conclusions auxquelles il faut arriver.

Mais, par contre, ce qu'on ne fait pas pour nous, on a bien soin de le faire pour les fermiers, parce que cela peut accroître le chiffre de nos déficit imaginaires; on va jusqu'à faire entrer en ligne de compte le tiers des produits qu'un *ancien adage* attribue au fermier pour sa peine; or, comme on a passablement enflé les produits, cette part est assez ronde, elle monte à 480,000 fr. (1)! et, non content de cela, on y ajoute un complément de 225,000 fr. pour l'intérêt qu'on suppose avoir été obtenu par ledit fermier pour son capital, quoique l'*ancien adage,* si j'en crois les *anciens,* mette l'intérêt du capital dans le tiers du fermier. Mais, bah! un peu plus, un peu moins..... 225,000 fr. sur 1,167,755 fr.

---

(1) Comment se fait-il qu'avec sa part d'un pareil profit il soit de notoriété publique qu'un des fermiers, homme fort honorable du reste, ait fait de fort mauvaises affaires à Grignon et y ait vu sa fortune compromise ? On serait bien capable de vous l'expliquer !

ne sont pas une affaire; car, au compte du véridique auteur, voilà bien un déficit de 1,167,755 fr. Certes, on ne nous accusera pas de faire des folies; car, avec 300,000 fr., nous avons perdu des millions, tout en faisant des économies!.....

Après avoir montré « qu'en quinze ans nous « avons englouti cet énorme capital, » on recherche les causes du mal, et on en signale trois :

« Les dépenses excessives;
« Les vices des assolements et spéculations;
« Le défaut d'ordre et de prévoyance. »

Les dépenses excessives, on les trouve dans le nombre des employés : 39 employés pour 467 hectares paraissent un nombre exorbitant, et, au fait, cela serait réellement, si tous ces employés étaient attachés à l'exploitation, comme on le donne à entendre, bien qu'on sache le contraire, puisqu'on a eu le tableau des employés entre les mains; or il faut que vous sachiez que ce chiffre 39 comporte tout le personnel à émoluments, les professeurs exceptés (1). Ainsi on met au

---

(1) Le pamphlet dit que les gardes et concierges ne

compte des 280 hectares en culture tout ce qui appartient à l'école : comptables, servants, cuisinières , jardiniers du jardin botanique , etc. , et tout ce qui appartient à des spéculations accessoires, magnanerie, féculerie, etc.

Puis on passe à la main-d'œuvre. D'une somme de 27,000 fr., on fait soixante-quinze journées de main-d'œuvre par jour , quoiqu'il n'y en ait que cinquante (et cela à cause des travaux à tâche qui forment la majeure partie de la somme ci-dessus) ; et encore faut-il observer que dans ce nombre de journées se trouvent celles de la féculerie et même des ouvriers d'arts, comme les scieurs de long, le tonnelier, etc.; de sorte que, grâce à ces adjonctions, on nous compose un attirail journalier de cent quatorze personnes. Mais je laisse ces chiffres, qui ne signifient rien; car le nombre de bras dépend du système de culture que l'on suit. Dans telle culture jardinière, on emploie utilement pour 250 fr. de main-d'œuvre par hectare; tandis que, dans tel autre système de culture semi-pastorale, on n'en occupe que pour 25 fr., ou même moins.

---

sont pas compris dans cet état, c'est une erreur. Les gardes et concierges payés y figurent comme vous l'avez vu.

J'arrive à d'autres prétendus abus; car, avec sa manière de procéder, l'auteur est toujours sûr d'en faire surgir. « 2,260 fr. pour le pansage de « trente-trois animaux de trait, » vous dit-il. Et il sait très-bien, quoique le comptable ait mal exprimé ce fait, que ces 2,260 fr. représentent les frais de tous les charretiers attachés à ces animaux, non pas pour les panser seulement, mais surtout pour les conduire au travail et pour travailler eux-mêmes. « 38 fr. de frais de récolte et « de frais généraux de moisson par hectare d'a- « voine, ajoute-t-il, quand dans nos fermes cela « ne reviendrait qu'à 18 ou 20 fr. » D'abord, il ne dit pas que dans les frais généraux de moisson nous portons une part d'entretien des chemins, d'usure de mobilier et de surveillance, qu'on ne compte pas habituellement dans les fermes; puis il oublie que notre rendement moyen en avoine est près d'une fois et demie plus fort que le rendement moyen de Seine-et-Oise, qui est lui-même un des plus considérables de France.

Mais cette manière de procéder, que l'on rencontre à chaque page du mémoire qui vous a été soumis, est encore la plus bénigne de toutes celles qu'il emploie. Souvent il ne prend pas la peine de donner une fausse interprétation aux faits; il change les chiffres : lisez l'article sur les *balais*.

Il annonce avec une telle certitude que nous en dépensons pour 102 fr. 30 cent., qu'on ne peut douter que nous ne fassions réellement l'effrayante consommation de 3,140 balais. Pour ma part, je vous l'avoue, je m'y suis laissé prendre, et j'ai eu la patience de remonter tous nos comptes, jusqu'à 1835, pour trouver cette dépense; mais, au lieu de 102 *fr.* 30 *cent. pour la façon seule des balais*, il faut lire : 64 *fr. pour la confection de* 640 *balais environ :* ce qui les porte à 10 cent. pièce, tant grands que petits.

Son assertion d'une exagération de quatre cinquièmes sur l'emploi des médicaments de la pharmacie a la même valeur, bien que ces médicaments soient employés par les élèves de service, parce que leur composition et leur emploi sont des moyens d'instruction, ce qui occasionne beaucoup de pertes.

Quand, pour vous démontrer que la main-d'œuvre est mal employée, ce mémoire vient vous dire « que les fumiers de cour ramassés ont « coûté 2,718 fr. de manipulations et ont produit « exactement 2,718 fr., *ce qui est une coïnci-« dence par trop bizarre pour qu'on n'y voie pas « encore une manœuvre de la comptabilité*, » vous devez penser avec lui qu'en effet la coïncidence est au moins étrange, car il ne peut venir à votre esprit qu'on ait inventé ce chiffre précis. Cependant rien n'est plus vrai, comme vous pourrez vous en convaincre. L'auteur semble être un de ces hommes qui ne veulent voir partout que manœuvres ténébreuses et perversité, mais n'approfondissent rien. S'il se fût appliqué à lire cette comptabilité, objet de toutes ses méfiances et de ses mépris, il aurait vu, au débit du compte de *basse-cour*, au lieu d'une coïncidence de chiffres, un solde de 196 fr. 48 cent., qui met singulièrement en relief ce que vaut sa perspicacité ou sa bonne foi (1).

Je dirai cependant que les frais du compte de basse-cour sont tous les frais faits pour le fumier, soit dans les étables, soit dans les enclos et les chemins; que ces frais sont plus fictifs que réels, parce que c'est en temps de pluie, quand on ne sait que faire des domestiques, qu'on les occupe à recueillir toutes les matières à engrais.

Voilà pour la main-d'œuvre; voyons main-

(1) Ce que dans sa note il ajoute au sujet des bœufs ne peut que corroborer l'opinion que provoquent ces erreurs inconcevables de la part d'un homme qui se pose en comptable, et veut juger les connaissances en comptabilité des autres, car c'est exactement la même chose.

tenant les spéculations. Ici, messieurs, j'aurais pu entrer dans des considérations de principes, discuter la manière dont sont établis les comptes de virement, faire voir que c'est là surtout qu'il faut chercher la cause de ces pertes; mais vous trouverez, sans doute, que la manière d'opérer de mon critique peut bien me dispenser de ce soin; je vais donc combattre ses dires par ses propres évaluations; cela me permettra d'occuper moins longtemps votre attention.

« Tous les bestiaux donnent de la perte, dit« il, les bêtes à laine 4,000 fr., *et cela indé-« pendamment de* 1,000 fr. *de sinistres*. » D'abord ce dernier point est faux, comme vous le verrez par une simple inspection du compte; puis je dirai que, en reconstituant le crédit des bêtes à laine avec la valeur de fumier que l'auteur adopte, page 14 de son mémoire, le chiffre de 4,000 fr. de pertes se transformerait en 1,200 fr. de bénéfices; et cette proportion s'accroîtrait bien plus encore dans la transformation de la perte totale éprouvée depuis l'origine du troupeau, car, il y a quelques années, les fumiers étaient comptés à un prix bien plus modique encore qu'ils ne le sont aujourd'hui.

La critique n'est pas plus heureuse dans la

recherche des causes que dans la constatation des faits. Elle voit les motifs de perte : « dans le choix d'une race que l'on délaisse en « France, et dans l'excès de la nourriture. » Si ce n'était abuser de vos instants, je pourrais lui opposer l'opinion de MM. les bouchers de Paris, celle des cultivateurs nos voisins, qui nous demandent des taureaux et envoient leurs vaches à la saillie, parce qu'ils ont reconnu que nos produits sont supérieurs, économiquement parlant. Je pourrais aussi exposer ici des états de consommation qui prouvent que nos vaches, eu égard à leur poids, sont bien moins substantiellement nourries que celles de nos voisins. Je me bornerai seulement à vous rappeler que déjà je vous ai expliqué, par la *cocotte*, les avortements que nous avons constatés et les achats qui en sont résultés. Des fermiers du voisinage ont éprouvé les mêmes revers que nous, bien que leurs vaches fussent placées dans des conditions différentes. D'un autre côté, j'avoue mériter le reproche que l'on m'adresse au sujet de la qualité des animaux que j'ai importés; car il est positif que je cherche toujours à n'acheter que de beaux bestiaux.

C'est à tort qu'on veut accroître les pertes des bêtes à laine, en vous disant que, pour dissimuler une partie du déficit, on a porté le prix de la viande vendue à l'école à 1 fr. 20 c., c'est-à-dire à un prix bien au-dessus de sa valeur. C'est par suite d'une erreur dans le chiffre kilogramme que ce prix ressort du compte des bêtes à laine, car le mouton n'est réellement au débit du ménage qu'au taux commercial, comme on aurait dû le vérifier avant d'émettre l'assertion contraire.

« Mais les pertes les plus extraordinaires, « selon l'auteur, sont celles des prairies et des « bois ; cependant, avoue-t-il, le produit moyen « du foin par hectare est satisfaisant. Cela ne « peut s'expliquer que par les frais excessifs « d'irrigation, et surtout par les dépenses de ré- « colte. » Pourtant ces frais d'irrigation s'expliquent naturellement par les travaux de création qu'on a laissé amortir par un seul exercice. Il n'y a que la récolte qui, contrariée par l'atmosphère, ait été réellement très-coûteuse.

Les observations de l'auteur sur les bois ne sont pas non plus très-heureuses pour l'expérience de sa longue pratique. « Comment expliquer ces pertes, dit-il, après les pompeuses annonces qui nous sont faites des améliorations et repeuplements? »

Aurait-il, par hasard, une recette pour rendre productifs, au bout de quelques années, les travaux de repeuplement des bois? Mais je vous abandonne le reste de ces considérations : vous avez visité nos bois, vous avez pu juger si les améliorations que nous y avons faites sont réelles ; vous savez également s'il est possible de calculer les frais de coupe et de débardage sans tenir compte du terrain. J'ajouterai seulement que les récoltes d'herbes ou de feuilles, le pâturage des moutons, ne sont qu'accidentels et ne s'exercent que dans les bois qui vont être exploités; ils sont, d'ailleurs, largement compensés par les vases que nous portons dans les coupes.

Arrivé à l'assolement, le mémoire rejette sur le directeur l'absence des documents qu'il comptait vous fournir, pour vous démontrer notre décadence culturale. « Au lieu du tableau « synoptique, il n'a pu obtenir du directeur que « des promesses que celui-ci n'a pas réalisées, « dans la crainte, sans doute, de fournir une « preuve irrécusable de la décroissance des pro- « duits. »

Il faut vous dire, messieurs, que le rendement des comptes 1841-1842 a coïncidé précisément avec l'opération de l'inventaire 1843, et que, au moment même où nous avions à fournir à M. le rapporteur les documents et les explications qui lui étaient nécessaires, l'auteur, qui, de son côté, préparait en secret le factum que vous savez, est venu nous faire perdre trois journées par des investigations et des propos que je ne veux pas qualifier. Ignorant qu'il fût si pressé, et désirant, avant tout, satisfaire votre rapporteur, je reléguai sa demande; mais si, au lieu de me cacher l'attaque dont il devait m'honorer à l'improviste et de manière à m'empêcher de lui répondre; si, au lieu de dire qu'il voulait éclairer une tierce personne, il m'eût loyalement fait part de son projet, certainement j'eusse passé une nuit de plus sans sommeil, pour lui fournir l'arme qu'il désirait si vivement.

Au reste, messieurs, ce long exposé des arguments au service de mon adversaire a dû vous convaincre que, quel qu'ait été le tableau des récoltes, il en eût tiré bon parti pour prouver, bon gré mal gré, cet appauvrissement du sol, dont il désire persuader le public. Vous le voyez, le manque de ce document ne peut même l'arrêter; il n'en pose pas moins en fait la diminution de fécondité de la terre. « Il a vu les récoltes en « terre, et trouve *que les trèfles n'ont pas réussi* » (l'an dernier, les trèfles ont généralement mau qué dans la contrée); « que les herbes donnent « peu, car les terres en sont lasses; que les ani- « maux ont peu *augmenté depuis* 1833. » Il a vu les récoltes, c'est vrai, et j'en suis enchanté; car cette circonstance ajoutera une précieuse occasion à celles qu'il vous a déjà fournies, d'apprécier la sûreté de ses jugements. En effet, le trèfle manqué est fauché aujourd'hui; *il a rendu de* 5 *à* 600 *bottes par hectare*. Le foin de prairies est rentré; *il a rendu* 800 *bottes par hectare. La luzerne a rendu* 1,000 *bottes; cela pour la première coupe seulement*. Les vesces et jarosses, coupées en vert, ont rendu considérablement, et au moins l'équivalent de 900 bottes. Sont-ce là les rendements de terres épuisées? Mais il vous suffira de jeter un coup d'œil sur le tableau de la progression de nos pailles et fourrages, pour reconnaître la valeur d'une assertion que la notoriété publique suffirait pour ridiculiser.

Vous parlerai-je du bétail que le factum dit n'avoir pas sensiblement augmenté depuis 1833? Cela peut encore éclairer votre opinion. Ce bétail présente, depuis 1833, une augmentation de 38 p. 0/0. Pour donner plus de poids à ces allégations, l'auteur ajoute qu'on a été obligé, pour nourrir ce bétail, d'acheter plus de 4,400 hectolitres de pommes de terre, ce qui n'est pas plus vrai que les précédents arguments, puisque nous avons fait féculer 7,730 hectolitres de ces tubercules. Et enfin, chose assez curieuse, il trouve la preuve la plus irrécusable de l'épuisement de notre sol dans la grande étendue de nos terres en fourrages ! « Pour démontrer les vices de l'as- « solement, dit-il, je ne veux que vous rappeler « ce fait, c'est que, sur 280 hectares, 126 sont « en diverses prairies, dont 30 hectares en prai- « ries naturelles, 30 en luzerne et sainfoin, 30 en « vesces, pois et moha, et 30 en trèfle. » Je ne veux pas ajouter un mot à une pareille preuve. Le détracteur de la direction vous avait donné une idée de sa perspicacité en comptabilité, il veut couronner l'œuvre; vous pouvez, maintenant, juger le cultivateur.

Mais j'arrive à un autre motif de reproches : c'est le défaut d'ordre et de surveillance. « Natu- « rellement, vous dit-on, ce défaut ressort de la « plupart des faits que nous avons cités : de « l'huile en plus, du sucre en moins, *des balais* « *de la menue paille*, etc., toutes dépenses de dé- « tail dans lesquelles se résument presque tou- « jours les profits et les pertes d'une exploitation « rurale. » J'ai déjà discuté ces diverses assertions : je dois donc vous laisser juger la solidité de cette accusation.

Après avoir successivement passé en revue tous les griefs que pouvait fournir l'exploitation rurale, on en vient à l'école d'agriculture; mais, sur ce nouveau terrain, les arguments ne perdent rien de la légèreté que vous leur avez reconnue. « L'école d'agriculture, dit-on, qui, dans le prin- « cipe, ne devait être qu'un accessoire de la cul- « ture, est devenue en quelque sorte le principal » (on oublie, comme vous voyez, que, pour cet accessoire, il devait y avoir, dans l'origine, un capital de 300,000 fr.), « et le directeur nous a « présenté, jusqu'à ce jour, cette école comme « une charge. Il est vrai qu'au moyen d'une « comptabilité subtile on a fait supporter à l'école « une partie des frais de la ferme, et que, par le « défaut d'ordre et d'économie, ces frais ont été « portés hors de toute limite raisonnable. A Gri- « gnon, la pension revient à 876 fr., tandis « qu'elle n'est que de 350 à Alfort et de 526 à « Saint-Cyr. »

Il va sans dire que, dans cette comparaison, l'auteur n'a tenu aucun compte des différences essentielles qui existent entre les diverses écoles : les blouses et l'uniforme, la présence ou l'absence de concurrence entre les fournisseurs, ne peuvent motiver aucune distinction à ses yeux. Cependant nous ne pouvons obtenir la viande à moins de 1 fr. 5 cent., quand, à Saint-Cyr, on l'a pour 94 cent.; il nous faut avoir recours à un blanchisseur de Saint-Germain, parce que nous manquons de bonnes ouvrières et parce que l'école est trop nombreuse pour que nous puissions blanchir économiquement dans le ménage, ou trop peu nombreuse pour que nous fassions les frais d'appareils économiques. — Cependant, puisqu'on vous a fourni des chiffres comparatifs, je veux les examiner et vous montrer que, dans la manière dont il les a calculés, le détracteur de la direction de Grignon a été, en tous points, fidèle à la règle qu'il a suivie depuis le commencement de son mémoire. D'abord, pour l'école d'Alfort, il élimine d'un trait tous les frais de blanchissage et d'entretien; puis, au lieu de prendre le prix auquel la nourriture revient au gouvernement, c'est-à-dire 415 fr. par tête, il porte en ligne de compte la somme de 350 fr. acquittée par les élèves. — Pour Saint-Cyr, il veut bien tenir compte du blanchissage et de la nourriture : aussi en résulte-t-il une assez faible différence entre les prix de revient de la nourriture et du blanchissage à Grignon et à Saint-Cyr (1). Mais

(1) La nourriture à Saint-Cyr est de 1 fr. 25 cent. 1/2 par jour, plus le combustible et les gages des cuisiniers; à

alors, dira-t-on, d'où provient cette différence de 350 fr., dans les prix généraux des pensions de Saint-Cyr et de Grignon, signalée par le mémoire incriminateur? Elle provient toujours de la même cause que je vous ai déjà si souvent rendue palpable : elle provient de ce que mon détracteur omet charitablement d'indiquer qu'à Saint-Cyr il n'y a à porter à la charge des élèves aucuns frais généraux, ni entretiens de bâtiments, de mobiliers, ni loyers, ni appointements quelconques.

On vous affirme aussi qu'il y a, dans les frais généraux de l'école, à déduire une somme de 6,336 fr. « qu'on lui a injustement imposée, « car, dit-on, ces frais étaient les mêmes avant « l'institution de l'école, la ferme les suppor- « tait seule. » Mais il est inexact de dire que les frais fussent les mêmes avant l'organisation de l'école ; il n'y avait pas de concierge payé, les frais de bureau étaient infiniment moindres, le travail de la comptabilité n'exigeait qu'une

---

Grignon, elle est de 1 fr. 52 cent., le combustible et les gages compris ; à Saint-Cyr, le blanchissage, grâce à l'uniforme, est de 14 cent. par jour ; à Grignon, il est de 20 cent., à cause des blouses et de la nécessité d'accorder aux élèves la permission de changer aussi souvent que les travaux extérieurs l'exigent.

personne; enfin les réparations et l'entretien du château étaient bien plus faibles, comme vous le comprenez sans peine; mais j'admets qu'une partie ait été supportée longtemps par la ferme seule, cela peut-il, je vous le demande, entraîner l'inévitable conclusion : *donc* 6,336 *à déduire*? En résulte-t-il que l'école ne doive assumer cette partie de frais généraux? Sans doute, avant qu'il y eût suffisamment d'élèves, la ferme a bien dû supporter les frais qu'occasionnaient le château et le mobilier destiné uniquement à l'école; c'est elle, au moyen des bénéfices que vous avez consacrés à cet objet, et au moyen de ses avances, qui a organisé l'école et en a fait tous les frais, jusqu'au moment où le ministre de l'agriculture et du commerce, M. Martin (du Nord), a pris à la charge de son département les appointements des professeurs; mais cela prouve tout au plus qu'on aurait dû tenir compte de cette circonstance, quand on a supputé les charges qui pesaient sur la ferme, et nullement que l'école ne doive pas supporter la partie de frais généraux qu'elle occasionne. De ce que la ferme a de tout temps payé l'intérêt des capitaux employés par l'école, l'auteur serait bien capable de vous dire aussi que ce serait une manœuvre de la comptabilité, si on mettait cet intérêt au débit de l'école.

A propos des avantages que l'exploitation trouve dans la présence, sur les lieux, d'élèves qui consomment un partie de ses produits, on dirige, contre la direction, des attaques du même aloi que les précédentes ; on revient sur le prix attribué aux moutons tués dans l'établissement, « moutons qui n'auraient de gras que le nom, « et qui, par conséquent, ne seraient vendus « que 45 *à* 50 c. le *kilogramme* à Poissy. » Or il est inexact de dire que ces moutons fussent maigres, bien que nous évitions de tuer les bêtes les plus grasses, parce que la viande en est moins agréable, et a été le sujet de quelques plaintes. La qualité du mouton que nous tuons est analogue à celle que livre le boucher, et nous la portons au même prix. Ensuite je suppose qu'elle soit de dernière qualité ; lisez, s'il vous plaît, les mercuriales de Poissy, et vous verrez que, fidèle à sa tactique, l'auteur ne la déprécie guère que de 60 p. 0/0 environ.

Partout il fait preuve de cette touchante prédilection pour nos intérêts. « Mêmes observations, dit-il, pour les pommes, les noix, le cidre, le lait, etc... » Or nous portons le lait au prix de vente à l'extérieur, 10 c. le litre jusqu'en 1841, 12 c. $\frac{1}{2}$ depuis ; le cidre, au prix d'achat ou de revient ; les noix, à 9 fr. l'hectol. — 9 fr. l'hectol.

de noix?... L'auteur les compte 12 fr. aux fermiers. Vous voyez qu'il tient à conserver jusqu'à la fin deux poids et deux mesures; ce qui est faible, quand il s'agit de nos prédécesseurs, est exagéré quand il s'agit de nous-mêmes. Certes, il a raison d'espérer que vous ne l'accuserez pas d'exagération, car c'est une autre épithète qui lui appartient; tout est bon à son argumentation du moment, dès qu'il croit pouvoir en faire ressortir un blâme pour la direction.

Au prix d'un résultat si important, les contradictions et les inconséquences lui importent peu; à chaque paragraphe surgissent de nouvelles preuves de cette constante préoccupation de son esprit. C'est ainsi qu'après avoir établi un parallèle entre ce que produisent nos capitaux, cela sans tenir compte des conditions qui sont spéciales à notre position d'institut, il vient vous avouer que l'école n'est pas une spéculation... Naïf aveu qu'on ne saurait trop précieusement enregistrer !

Mais il ne suffit pas à l'incriminateur de scruter la situation financière de l'école; rien ne doit échapper à ses investigations, et vous voici, messieurs, devant une esquisse de la situation morale de l'école. « Les vues du conseil sont-elles rem- « plies, vous demande-t-il; l'instruction est-elle « à la hauteur de l'institution? » A cela encore il prend soin de répondre, comme s'il tenait à ne laisser aucun doute dans vos esprits sur la valeur de ces insinuations. Lisez, dans l'*Écho,* la lettre du 18 juin, dans laquelle l'auteur dit que « l'intérêt de *ses commettants* ne lui permet pas « de voir de sang-froid *le plus bel établissement* « *agronomique de l'Europe gravement compro-* « *mis,* etc..... » Si, en effet, Grignon est arrivé à ce rang que lui attribuent les agronomes qui ont visité les écoles de l'Allemagne et de l'Italie, il faut bien que la force de son enseignement lui soit venue en aide : ce n'est, certes, pas en suivant les vues de l'auteur, que l'institut s'est acquis ce rang honorable, puisque, au moment où votre sagesse dictait des mesures d'organisation et de progrès, vous l'avez vu constamment y faire de l'opposition, et même favoriser le désordre. Cela lui a été dit en termes énergiques au conseil d'administration, et, cependant, vous le voyez se poser en mandataire unique des actionnaires et insulter à vos décisions, en disant que deux professeurs ont été jetés hors de Grignon par des intrigues, comme si vous n'aviez pas scrupuleusement observé toutes les formalités, respecté toutes les garanties que contiennent vos statuts.

Vous le voyez blâmer les choix que vous avez faits parmi les élèves les plus distingués de cette école, à laquelle, pourtant, il est forcé de rendre hommage; et, alors que ce choix a été justifié par le succès et l'attachement des élèves, il va même jusqu'à oser dire que vous avez pu vous laisser imposer une de ces nominations par les hautes régions du pouvoir!...

Et quelles raisons peut-il avoir pour blâmer les choix que vous avez faits? N'espérez pas, messieurs, que, si près de sa conclusion, il change la marche que vous le voyez suivre depuis le commencement de son factum : jusqu'à la fin, il aura deux poids et deux mesures pour guider ses appréciations. Selon lui, l'exécution matérielle de l'agriculture peut fournir des faits, de l'expérience et de la pratique, quand elle est exercée en dehors de Grignon ; mais, à Grignon, elle ne peut constituer que des théories agricoles. Cela est évident! mais, au moins, ces élèves de Grignon ont-ils étudié le métier agricole dans les circonstances les plus diverses, ont-ils voyagé, se sont-ils mis en relation avec les praticiens les plus renommés de l'Europe, pour profiter de leur expérience? Peu importe! On a cherché à vous le démontrer : quand il s'agit de l'avantage de Grignon ou de ses élèves, les faits cessent d'être des faits. Il fallait un blâme; le voilà !

Mais ce qui surtout vous fera apprécier la véracité et la bonne foi de cette attaque, c'est ce qu'on dit du licenciement des élèves, de ce qui, à cette époque, s'est passé dans le sein du conseil, des démarches du directeur, etc. Il ne m'appartient pas, messieurs, d'exposer ici le résumé de vos délibérations : les procès-verbaux de vos séances, votre rapport à l'assemblée des actionnaires, votre lettre au National témoignent que les dissentiments qui ont pu se faire jour dans les discussions sont loin de ce qu'on a voulu les montrer, et donnent déjà un démenti assez formel à ces assertions. Mais vous me permettrez bien cependant de repousser pour mon propre compte, par un démenti plus formel encore, celles qui ont trait aux démarches que la direction a faites en dehors du conseil d'administration.

On avance qu'elle a imposé aux élèves des conditions que votre prévoyance avait évitées, cela est faux; qu'elle a compromis sa dignité en appelant une intervention de police, cela est également faux; qu'elle a obséquieusement redemandé aux parents le retour des élèves, cela est encore faux.

Quant au *retentissement fâcheux* qu'ont eu ces prétendues *mesures illégales et inconsidérées*, personne de vous, messieurs, ne s'y est mépris; chacun, sans hésitation, a désigné celui qui avait pu divulguer, en les faussant, les délibérations qui ont lieu dans le sein du conseil; et il doit vous sembler assez étrange de voir qualifier de fâcheux le retentissement de cette affaire. Mais qu'on se rassure sur les suites de la publicité qu'on feint de déplorer. Il n'est pas de réunions de jeunes hommes qui n'aient eu à souffrir de désordres passagers. A Grignon, il n'est qu'un seul moyen de répression, c'est l'exclusion; et pourtant, il n'y a eu, en treize ans, que trois manifestations des élèves; deux ont été suivies de licenciement. Ce nombre n'est pas plus considérable que celui qu'on compte, même dans les institutions auxquelles le régime militaire fournit de nombreux et puissants moyens de répression. « L'administration supérieure elle-même « s'est émue, dit-on. » Que l'on se rassure encore, rien n'a égalé le scandale qu'ont produit les diffamations et les manœuvres de certaines gens. Les témoignages d'estime reçus, dans cette circonstance, par le directeur de Grignon prouvent assez que cette émotion est plus honorable pour lui que pernicieuse pour l'avenir de Grignon.

Vous devez donc comprendre, messieurs, que j'éprouve plus de dégoût à me défendre qu'on ne dit éprouver de lassitude à m'accuser, et pourtant il faut encore que je repousse d'odieuses insinuations, car on n'a pas encore rendu les intentions assez criminelles, on n'a pas encore attaqué la famille ; et il faut bien qu'on couronne cette œuvre de *bien public*, par les imputations les plus odieuses d'ambition, de personnification, d'apanages, de concentration d'appointements. Je veux vous le déclarer hautement : le jour où j'ai pu trouver dans ma famille un sujet distingué, j'ai été heureux de pouvoir l'associer à nos travaux, et de le donner comme une garantie de plus à cette union de zèle et de dévouement qui assure le succès. Mais l'ai-je fait avant de l'avoir soumis, ce nouveau membre de notre association, à un long et pénible surnumérariat ? et quand je vous l'ai présenté pour remplacer l'inspecteur que vous m'aviez accordé autrefois, et auquel j'ai ensuite renoncé pendant neuf années, tant que mes forces ont pu suffire, quels appointements lui ai-je assignés ? des appointements trois fois moindres que ceux de son prédécesseur, des appointements moindres que ceux du garde magasinier et du chef de main-d'œuvre. Voilà comme j'ai concentré les appointements dans ma famille.

Ces assertions me rappellent ce que vous avez entendu dire par le même homme, à l'assemblée des actionnaires : « La direction a une part de « bénéfices ; quand elle veut en jouir, elle porte « le prix des fumerons de 1 à 2 francs ; il en ré- « sulte un énorme accroissement d'actif fictif, et « alors elle palpe son bénéfice. » En entendant prononcer des paroles si graves, et cela avec une parfaite assurance, peut-être, messieurs, n'avez-vous pu penser d'abord qu'on vous débitât une odieuse imposture, et pourtant rien n'était plus vrai. Vous savez tous que je n'ai jamais voulu profiter de la part de bénéfices que m'attribuent nos statuts, tant que le moindre doute a pu s'élever sur leur réalité : je n'en ai profité qu'une seule fois, c'est en 1840, alors que l'augmentation d'actif produite par l'élévation du prix des fumures en 1838 ne pouvait plus avoir d'effet sur ces bénéfices.

Arrivé au terme des incriminations qu'on a dirigées contre la direction de Grignon, il ne me reste plus qu'à conclure. Mais les conclusions ne sont-elles pas déjà ressorties de chacune de mes réfutations ? N'ai-je pas même été trop souvent forcé d'écrire les mots fausseté, imposture....... Je le répète, j'aurais pu, sans doute, au moyen des antécédents de cet homme, vous éclairer sur la moralité de ses attaques, vous prouver que, dans cette circonstance, sa religion est identique à celle qui l'a guidé dans d'autres affaires déjà qualifiées...... Mais à quoi bon ? les faits dont il argue sont bien suffisants pour former votre jugement ; j'aime mieux me borner à vous les dévoiler, et vous laisser apprécier sa conduite, que de conclure moi-même !....... J'ajouterai seulement que je tiens à votre disposition les preuves de tout ce que j'ai avancé, et je vous prierai, avec instances, de vouloir bien envoyer des commissaires pour en prendre connaissance Il importe extrêmement que vous voyiez par vous-mêmes les récoltes de *cette terre épuisée*, etc. ; que vous compulsiez les livres de *cette comptabilité artificieuse*. Je ne négligerai rien pour que votre appréciation soit complète ; j'aurai même l'honneur de vous présenter ces cultivateurs dont on a invoqué contre moi le témoignage et les estimations ; leurs renseignements, j'espère, ne contribueront pas peu à vous édifier sur la véracité et la moralité des accusations portées devant vous, par un homme qui, dans la production de cette œuvre déloyale, n'a pris mission que de lui-même, bien qu'il ait essayé de faire croire le contraire.

A. BELLA.

IMPRIMERIE DE Mme Ve BOUCHARD-HUZARD,
rue de l'Éperon, 7.

Conservez la lettre jaune

www.ingramcontent.com/pod-product-compliance
Ingram Content Group UK Ltd.
Pitfield, Milton Keynes, MK11 3LW, UK
UKHW021630260726
13994UKWH00003B/1148